梅森瓶里的沙拉时光

（韩）红性兰 / 著　赵美玲 / 译

海南出版社
HAINAN PUBLISHING HOUSE

Le Parfait Salad Diet Recipe by Hong Sung Ran
병 샐러드 다이어트 레시피 ⓒ 2015 by Hong Sung Ran
All rights reserved
First published in Korea in 2015 by 42 MEDIA CONTENTS
Through Shinwon Agency Co., Seoul
Simplified Chinese translation rights ⓒ 2016 by Hainan Publishing House Co., Ltd.

版权所有　不得翻印

版权合同登记号：图字：30-2016-021 号
　　图书在版编目（CIP）数据
　　梅森瓶里的沙拉时光 /（韩）红性兰著；赵美玲译
. -- 海口：海南出版社，2016.8（2017.6 重印）
　　ISBN 978-7-5443-6650-2
　　Ⅰ.①梅… Ⅱ.①红… ②赵… Ⅲ.①沙拉 – 菜谱
Ⅳ.① TS972.121
　　中国版本图书馆 CIP 数据核字 (2016) 第 156999 号

梅森瓶里的沙拉时光

作　　者：（韩国）红性兰
译　　者：赵美玲
监　　制：冉子健
策划编辑：周　萌
责任编辑：孙　芳
执行编辑：周　萌
装帧设计：阿　鬼
责任印制：杨　程
印刷装订：北京盛彩捷印刷有限公司
读者服务：蔡爱霞
海南出版社　出版发行
地址：海口市金盘开发区建设三横路 2 号
邮编：570216
电话：0898-66830929
E-mail：hnbook@263.net
经销：全国新华书店经销
出版日期：2016 年 8 月第 1 版　　2017 年 6 月第 2 次印刷
开　　本：787mm×1092mm　　1/16
印　　张：12
字　　数：160 千
书　　号：ISBN 978-7-5443-6650-2
定　　价：39.80 元

推 荐 序

　　如果有一样东西能让人在平淡无奇的日常繁杂里，突然提起精神，那就是梅森瓶里的美食。

　　不知从什么时候开始，自己就对各色各样的玻璃瓶子充满了热情。因为瓶子是密封又透明的，有一种能保存岁月的安定感，朴实而可靠。

　　梅森瓶诞生于一个没有冰箱的年代。那个时候人们对食物的储存，都基本上依靠密封的瓶子。因为玻璃的透明度，能让人一眼就看到食物的保存状况，加上复古而简洁的造型，梅森瓶成为了一种时尚，风靡了美国家庭的厨房。

　　红性兰女士的《梅森瓶里的沙拉时光》，介绍了近百种梅森瓶沙拉的料理方法。给我们提供了一种健康而美好的生活方式。里面的食谱，不但在营养的搭配上科学合理，而且味道清爽细腻。同时，因为所有的沙拉都以梅森瓶为主要的容器，它的密封保鲜的性能，不仅能让我们方便携带，而且在视觉上，也给我们丰富的美学享受。

　　最近，梅森瓶在国内掀起一股热潮。我相信往后，这种玻璃制品的食物保存容器，会像一些塑料密封饭盒一样普及，因为玻璃一直给人一种古典而安全的稳定感。梅森瓶慢慢也会成为中国家庭里一种常见而必备的厨房用品。

　　希望这本书，带给你健康的轻食主义生活，以及丰盛的视觉享受。

2016.6.26

我是热爱蔬菜与水果的
美食家

我在制作料理，以及将所学付诸实践的过程中，逐渐产生了这样一个信念：我们要做的不只是多吃有益健康的食物，更重要的是放弃对有害健康的食物的迷恋。

有时候，我们会抵抗不住诱惑，去吃一些没有营养但美味十足的食物。但仔细想想，这些食物对我们的身体"毫无益处"。

为了生存，我们必须进食。既然这样，我们何不摄取既可口又健康的食物呢？

本书中的沙拉健康无负担。为了能帮助大家制作出美味的沙拉，本书提供了各种食谱。虽然书中的沙拉与我们常见的沙拉稍有不同，但所需食材简单易寻，适合所有人制作食用。

梅森瓶沙拉是将新鲜的蔬菜与水果装入干净的梅森瓶中制作而成的沙拉，可开盖即食，也可放入冰箱冷藏，随时拿来食用。外出时可随身携带，食用前将沙拉酱与蔬菜摇匀即可，也可以将沙拉倒入盘中食用。瓶装沙拉不仅能保证食材的新鲜度，而且外观诱人，是一款高颜值的美食。

我平时特别喜欢吃蔬菜和水果，即使外出吃饭也不例外。我认为蔬菜和水果更有利于身体健康，因此与肉相比，我更喜欢吃蔬果。

蔬菜和水果饭后食用能够清洁口腔，而饭前食用可增加饱腹感，预防暴饮暴食，有助于减肥。

我属于1年365天，每天都需要减肥的"管理型"体质。喝水也会发胖的我，每天早晨都要做运动，平时尽量食用蔬菜、水果等低盐食物。从我的经验来看，减肥过程中最重要的是饮食习惯，低盐食物的减肥效果最好。

盐分在体内堆积会引发浮肿，使得体重上升。人们常说改变饮食习惯，多吃低盐食物就能减肥。由此可见，食物对我们的身材有着重要的影响。低盐食物不仅能减肥，对我们的身体健康也至关重要，所以我们应该摒弃重口味的饮食习惯，多食用蔬菜与水果沙拉。这样可以帮助身体排出废物与钠离子，防止体内盐分堆积，塑造健康的身体。这时如果再能以排汗运动作为辅助就更好了。

本书中介绍的食谱全部为低盐、低热量、可以代替正餐的减肥沙拉。工作繁忙不能按时吃饭或经常凑合吃饭的上班族和单身族，非常适合学习本书中的食谱。大家可以提前做出多份沙拉，放在冰箱冷藏，随吃随取。

我们吃下去的食物会影响我们的身体。想要健康的身体就需要摄取健康的食物。远离过咸、过辣、油腻、刺激性的食物，多吃清淡的食物以及清爽的沙拉，会让我们变得更加健康漂亮。

感谢家人的支持，你们总是乐意品尝我的料理，并给予我客观的评价，使我的水平不断提高。感谢恩师金恩静老师，您总是用温暖的话语鼓励我。感谢我的助理朋友，你们一直跟随我，帮助我，真心的为我加油。

衷心希望大家能一如既往地关注我。

新鲜美味看得见的
高颜值梅森瓶沙拉

　　你知道最近在美国、日本爆红的"梅森瓶沙拉（glass jar salad）"吗？"梅森瓶"指的是用于保存食物的广口玻璃瓶。将蔬菜与水果装入梅森瓶中制作而成的沙拉就是"梅森瓶沙拉"。梅森瓶沙拉可随身携带食用，或者放入冰箱冷藏，感到饥饿或到饭点的时候再拿出来食用。

　　只要有一个梅森瓶，我们就可以用冰箱里的任何食材制作出一款新鲜美味的高颜值沙拉！

　　挑选制作沙拉的梅森瓶也是有窍门的。首先，我们需要一个广口梅森瓶。虽然塑料桶也可以，但使用塑料桶不仅有化学成份的威胁，而且塑料桶里如果有水会看起来很不干净，所以还是使用梅森瓶比较好。使用广口梅森瓶装沙拉，可以轻松地使用筷子或者勺子食用，而且也便于清洗。

　　忙碌的现代人经常早出晚归，很难做到营养均衡。不能经常吃到新鲜蔬菜的上班族和学生，可以制作梅森瓶沙拉放在冰箱里保存，外出时也可随身携带。这样不管何时何地都可以方便的食用。梅森瓶沙拉一般可以保存一周，但它并非腌制品，所以最好尽早食用。

　　制作沙拉时，我们可以选择喜欢的水果和蔬菜按照自己的口味放入不同的沙拉酱。梅森瓶沙拉也可以搭配面包等一起食用。往梅森瓶里装沙拉的时候，先装入块状食材，这样有利于保存和食用。

　　在制作沙拉时，应该最先放入沙拉酱，因为沙拉酱是液体，只有把它放在最底端才不会影响其他食材。接着再放入块状食材，如果将块状食材放在最顶端，下面的蔬菜会因受到挤压出水，影响沙拉的新鲜度。为防止水分影响其他食材，也可以把沙拉酱单独装到其他容器里。

沙拉食材的挑选与保存

| 豆类 |

　　选择表面光滑、颗粒饱满，密封性好的袋装豆类。为避免麻烦，可提前将豆子泡发或煮熟放在冰箱冷冻保存，需要时再拿出食用。

| 水果类 |

　　选择表面无伤疤、颜色均匀、质地坚硬的水果。买多了的话，可将水果切成小块，放入冰箱冷冻。需要时可拿出来搅碎制成沙拉酱或果汁。

| 蔬菜类 |

　　选择新鲜、无腐烂、叶面有光泽的蔬菜。一次性购买过多时，可将蔬菜焯熟，沥干水分后放入冰箱冷冻保存。

本书出现的主要蔬菜的
简介 & 功效

| 紫甘蓝 |

紫甘蓝又称紫圆白菜，因其为紫色蔬菜所以里面含有花青素，有保护视力、抗癌的效果；同时还能促进肠胃蠕动，帮助消化，排除体内的盐分、废物等；而且还有预防中老年疾病和骨质疏松的功效。

| 乌塌菜 |

乌塌菜的胡萝卜素含量比菠菜高两倍，且富含维生素、钙、铁、钾等，适合成长期的孩子，经常用作断乳食品。

| 苦苣 |

苦苣在公元前 300 年就开始栽培了。苦苣内含有丰富的胡萝卜素和铁，能够强化胃肠功能。而且苦苣内含有丰富的维他命C，能够增强机体活力，促进荷尔蒙分泌。

另外，苦苣内富含氨基酸，能够促进大脑和肌肉机能，帮助身体排出废物和毒素，降低胆固醇，预防糖尿病。

| 罗马生菜 |

罗马生菜富含丰富的维生素 A 和维生素C，可以改善视力，预防感冒，改善肤质。

罗马生菜含有丰富的钾，能够帮助排除体内的盐分。而且罗马生菜含钙量很高，有利于生长期孩子的骨骼成长。

｜樱桃萝卜｜

樱桃萝卜的根、叶均可食用。

它能够促进血液循环，预防心脏病、高血压。还具有预防皮肤衰老、治疗关节炎的作用。它富含铁元素，能够预防贫血。

｜芦笋｜

芦笋含有一种名为天门冬酰胺的氨基酸，具有解酒的功效。欧美地区经常使用芦笋制作沙拉。

芦笋中富含蛋白质、天门冬糖、胡萝卜素、维生素等营养物质，还能为身体提供铁、钠、钙等矿物质，以及膳食纤维、叶酸等。

芦笋能去除活性氧，促进血液循环，防止皮肤氧化。而且芦笋内含有叶黄素，可降低血压，强化血管，还有助于缓解疲劳。

｜四季豆｜

四季豆的豆荚也可食用。四季豆含有丰富的维生素，具有美容的功效。四季豆可以利尿、缓解浮肿。另外，四季豆可燃烧体内脂肪，帮助减脂。

｜芝麻菜｜

意大利料理中经常使用芝麻菜，其为一年草本植物。由于其抗癌效果而被大众熟知。芝麻菜里含有丰富的营养物质，特别是维生素的含量很高，因此被作为女性的美容蔬菜食用。

芝麻菜可以抑制癌细胞的生长。不仅如此，芝麻菜还有抗衰老，预防老年痴呆，强化消化功能等功效。

| 球茎甘蓝 |

球茎甘蓝内含有丰富的纤维素，有利于减肥，可预防高血压。

球茎甘蓝还有抗癌效果，由于其钙含量高，有利于孩子成长；维生素 C 含量也很高，有助于缓解疲劳。

| 甜菜 |

甜菜和心里美萝卜长得很像，经常作为天然色素使用。甜菜的净化效果非常突出，可以增强免疫力，预防过敏。

甜菜内含有大量的植物营养素，抗氧化效果显著，可预防衰老。甜菜里还含有丰富的维生素 C 和钙，能够预防高血压，并排除体内废物。

| 芹菜 |

由于其独特的香味，芹菜在西方经常被当做香料使用。芹菜里含有的芹菜苷能够强化脑神经，净化血液。

芹菜里含有丰富的纤维素，能够缓解便秘，促进血液循环，并有很好的利尿效果。

芹菜还具有镇定效果，可以使神经放松，缓解压力。

| 萝卜苗 |

萝卜苗为萝卜的幼芽，含有丰富的维生素、钙、叶红素，能够预防细胞老化、高血压、口腔炎。其美白效果显著，可以预防雀斑、黑痣。萝卜苗对大脑发育也有很大的益处。

本书出现的主要
沙拉酱配料的
简介 & 功效

| 原味酸奶 |

酸奶里含有大量的乳酸菌,不仅能够阻止有害菌的活动,而且有利于缓解便秘。能够促进消化并提高免疫力。酸奶中含有的双歧杆菌在肠胃里大量繁殖,能够起到抗癌的效果。因其为低卡路里食物,所以有利于减肥和美容。

| 橄榄油 |

橄榄油里含有的不饱和脂肪酸、维生素E、维生素原等可以排除体内的毒素和废物,使皮肤光滑。橄榄油里含有丰富的抗氧化剂多酚,其能够阻止皮肤氧化,延缓皮肤衰老。橄榄油能够降低胆固醇指数,促进血液循环,并且还能预防中老年疾病。橄榄油还能软化体内脂肪,帮助减肥;而且还能促进排便,防止脱发。

| 蜂蜜 |

蜂蜜内的维生素和矿物质成分可以促进新陈代谢,有利于减肥和皮肤美容。而且蜂蜜还有镇痛效果,能够缓解神经痛;蜂蜜里含有的铁元素可以预防贫血。蜂蜜可以清除胆固醇以及血管内的废物,促进血液循环,对预防高血压和心脏病也有一定的功效。

| 柠檬汁 |

柠檬里含有大量的维生素C,有预防感冒和抗菌的作用。柠檬里含有丰富的钙,有利于排出体内盐分,改善浮肿。柠檬还含有丰富的叶酸,能够预防贫血,所以推荐孕妇食用。

| 梅汁 |

梅汁对皮肤美容大有裨益，能够帮助体内废物排出，预防骨质疏松，有利于缓解食物中毒。能够促进消化，降低胆固醇，排除体内废物，而且还可以缓解生理痛。

| 鱼露 |

鱼露原封不动的吸收了酱油和银鱼的营养成分。银鱼里的钙、核酸成分对防治糖尿病和血管类疾病非常有帮助。

| 辣椒酱 |

辣椒酱里含有的维生素C具有抗病毒效果，能够杀死体内的感冒病毒，快速治愈感冒，因此也具有预防感冒的功效。辣椒里含有的辣椒素能够燃烧体内脂肪，消耗体内的卡路里，因而具有减肥的作用。

| 意大利香醋 |

意大利香醋里含有大量有益菌，能够帮助缓解疲劳、排除体内毒素、促进新陈代谢，对减肥和缓解压力大有裨益。意大利香醋还可以预防中老年疾病、骨质疏松，并且可以改善寒性体质。

本书使用的计量方法

　　本书里的食谱是以一人份为基准制作的。如果想制作更多量，把材料增倍并用同样的方法装瓶即可。食谱本就没有对错之分，只要符合自己的口味，调料的用量可以随意调节。本书以饭勺和纸杯为计量单位（饭勺 10ml／纸杯 200ml）。

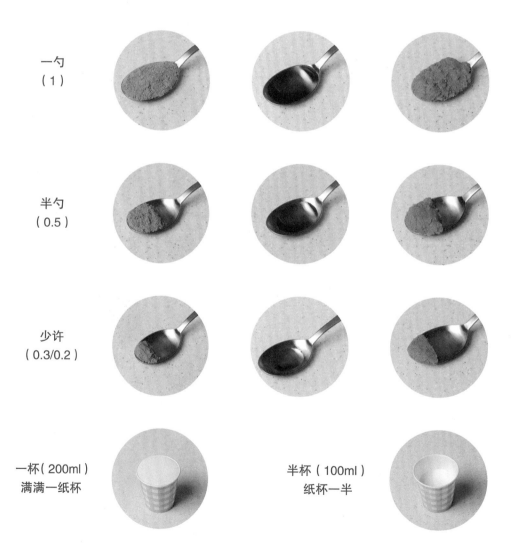

一勺
（1）

半勺
（0.5）

少许
（0.3/0.2）

一杯（200ml）
满满一纸杯

半杯（100ml）
纸杯一半

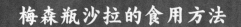

梅森瓶沙拉的食用方法

梅森瓶沙拉可以直接食用，也可以用来拌意大利面或者和面包一起制成三明治食用。

清洗瓶子的方法

　　沙拉为即食食物，装瓶前不需要对梅森瓶进行消毒。但第一次使用前或者用来盛放酸黄瓜、果酱后，就一定要用开水消毒。

　　将梅森瓶放在煮沸的开水里消毒，可以去除肉眼看不到的细菌，使食物更卫生，保存的时间更长。

1. 锅内放入冷水、梅森瓶，瓶口朝下或者倒向一边，点火煮沸。

2. 水开之后瓶内会产生水蒸气。

3. 煮好后将瓶子捞出来。

4. 把瓶子扣在干净的干布上静置，直至完全干燥。

目 录

PART1- 健康蔬菜沙拉

PART2- 香甜水果沙拉

PART3- 饱腹感 UP 沙拉

PART4- 餐后甜点沙拉

PART 1

健康蔬菜沙拉

·蔬菜海苔沙拉· 芹菜沙拉酱

食材 > 　胡萝卜 5cm×3cm，菠菜 100g，蟹肉棒 2 根，红彩椒 1/2 个，苏子叶 3 片，海苔 1 张，飞鱼籽 3

菠菜拌料 > 　香油 0.5，酱油 0.5，芝麻 少许

沙拉酱 > 　芹菜末 3，黄芥末酱 0.2，酱油 2，橄榄油 3，香油 1，胡椒 0.2

Recipe

1_ 胡萝卜、红彩椒、苏子叶、海苔切细丝。

2_ 菠菜择洗干净后，入沸水焯熟，捞出后用冷水过凉，挤干水分，加入拌料拌匀。

3_ 蟹肉棒用手撕成小块。

4_ 倒入适量的沙拉酱。

 请这样装瓶

沙拉酱 → 胡萝卜 → 菠菜 → 蟹肉棒 → 红彩椒 → 苏子叶 → 海苔→飞鱼籽

 为了防止其他蔬菜腐烂，要把菠菜里的水分充分挤净。

·蕨菜沙拉· 洋葱蒜末沙拉酱

食材 > 　　　泡发的蕨菜 100g，洋葱 1/4 个，嫩叶蔬菜 50g，圣女果 5 个

蕨菜料汁 > 　　鸡蛋 1 个，香油 0.5，酱油 1，淀粉 2，胡椒 0.2，蒜末 0.2

沙拉酱 > 　　　洋葱丁 3，红辣椒丁 1，蒜末 0.2，酱油 2，橄榄油 2，香油 1，芝麻 0.2

备注：嫩叶蔬菜即当蔬菜生长到嫩叶状态时，摘下嫩叶直接食用或作为沙拉配菜食用。

Recipe

1_　蕨菜放入沸水中焯一下，用冷水过凉，
　　沥干水分。然后把蕨菜切成3cm左右的
　　小段，放入料汁中拌匀。

2_　平底锅内放入油，油热后一勺勺地放入
　　拌好的蕨菜，煎至两面金黄。

3_　洋葱切丝，圣女果四等分。

4_　倒入适量的沙拉酱。

请这样装瓶
沙拉酱→煎好的蕨菜→洋葱→圣女果→嫩叶蔬菜

即使是泡开的蕨菜也要用开水烫一下，这样才能去除蕨菜特有的腥味。

·炒菜沙拉· 苏子叶沙拉酱

食材 > 茄子 1/4 个，小南瓜 1/4 个，甜南瓜 30g，山药 30g，圣女果 3 个，紫芥菜 2 片，卷心菜 1 片，香草海盐 0.2

沙拉酱 > 苏子叶 5 片，小辣椒 1 个，洋葱 1/8 个，酸黄瓜 3 片，橄榄油 3，酱油 1，胡椒 0.2

Recipe

1_ 茄子、小南瓜、甜南瓜、山药切成3cm左右的方丁。

2_ 圣女果对半切开备用。

3_ 紫芥菜和卷心菜用手撕成小块。

4_ 向步骤1中切好的蔬菜里撒入香草海盐，平底锅中放入油，用大火把蔬菜煎至金黄。

5_ 将沙拉酱所需食材放入搅拌机中搅碎后，倒入沙拉中。

 请这样装瓶

沙拉酱→甜南瓜→山药→小南瓜→茄子→卷心菜→紫芥菜→圣女果

叶子类的蔬菜需要用手撕开，这样既能防止营养流失，也能保留食物的口感。

·蔬菜面条沙拉· 黑豆沙拉酱

食材 >　黄瓜 1/4 根，小南瓜 1/4 个，胡萝卜 30g，柠檬 1/4 个，苦苣 3 棵，萝卜苗 20g

沙拉酱 >　煮熟的黑豆 1/4 杯，花生 1，酱油 1，食醋 1，低聚糖 1，芝麻 0.5，牛奶 1/2 杯

Recipe

1_ 黄瓜、小南瓜、胡萝卜去皮，切成7cm左右的细条。

2_ 苦苣用手撕成方便食用的长度并和萝卜苗一起洗净。

3_ 柠檬洗净后，薄薄地去一层皮，切成方便食用的细条。

4_ 将沙拉酱所需食材放入搅拌机中搅碎后，倒入沙拉中。

 请这样装瓶

沙拉酱→胡萝卜→黄瓜→小南瓜→柠檬→苦苣→萝卜苗

 可以使用粗盐或者小苏打清洗柠檬皮。

·迷你蔬菜沙拉· 猕猴桃沙拉酱

食材 > 圣女果 4 个，抱子甘蓝 4 个，樱桃萝卜 2 个，迷你彩椒 2 个，嫩叶蔬菜 20g，乌塌菜 20g，香草海盐 0.2

沙拉酱 > 猕猴桃 2 个，柠檬汁 1，低聚糖 1

Recipe

1_ 迷你蔬菜全部对半切开，用开水烫一下，撒上适量的香草海盐。

2_ 乌塌菜择好后放入开水中烫一下，捞出后用冷水过凉，沥干水分。

3_ 猕猴搅碎后，与其他沙拉酱料一起搅拌均匀，倒入沙拉中。

 请这样装瓶

沙拉酱→迷你彩椒→抱子甘蓝→圣女果→樱桃萝卜→乌塌菜→嫩叶蔬菜

 用开水焯过的蔬菜需要冷水过凉，这样可以防止余热使蔬菜过熟。

·煎山药沙拉· 明太鱼子沙拉酱

食材 > 山药 100g，芦笋 3 根，紫甘蓝 1 片，小叶韭菜 20g，松仁 1，葡萄干 1

沙拉酱 > 明太鱼子 1，原味酸奶 4，橄榄油 1，柠檬汁 1，胡椒 0.2

Recipe

1_ 芦笋用开水焯2分钟，从中间对半切开。
2_ 山药去皮切成1cm厚的圆片。

3_ 紫甘蓝切细丝，小叶韭菜切段，长度和
紫甘蓝一样。

4_ 平底锅内放油，山药煎至两面金黄，放
入松仁和葡萄干稍微炒一下。

5_ 明太鱼子去掉表皮，与其余沙拉酱料一
起搅拌均匀，倒入沙拉中。

 请这样装瓶
沙拉酱→山药→芦笋→紫甘蓝→小叶韭菜→葡萄干→松仁

 明太鱼子里放入一些酒可以去除腥味。

适用料理：

土豆沙拉：土豆蒸熟后和明太鱼子拌匀一起食用也非常美味。

·粉条大叶芹沙拉· 鱼露沙拉酱

食材 > 　粉条 60g，大叶芹 20g，迷你杏鲍菇 1/2 杯，红彩椒 1/2 个，番茄 1/2 个

沙拉酱 > 　鱼露 1，甜辣酱 1，柠檬汁 1，矿泉水 2，辣椒丁 1，洋葱丁 1，青椒丁 1

Recipe

1_ 把冷水泡发的粉条和迷你杏鲍菇分别用热水稍微烫一下，捞出后用冷水过凉。

2_ 大叶芹撕成小块，红彩椒、番茄也切成小块。

3_ 适量的沙拉酱和粉条搅拌均匀倒入沙拉。

请这样装瓶
沙拉酱→粉条→红彩椒→迷你杏鲍菇→番茄→大叶芹

沙拉酱里之所以加入矿泉水而不是热水，是因为沙拉酱不是煮熟的，而是生食的。

·根菜沙拉·　甜南瓜大酱沙拉酱

食材 >　红薯 1 个，牛蒡 5cm，胡萝卜 5cm×3cm，莲藕 50g，生菜 2 片，苏子叶 2 片，葡萄干 1，坚果 1

沙拉酱 >　红彩椒丁 1，甜南瓜 80g，大酱 0.5，矿泉水 4，蒜末 0.2，香油 0.2，胡椒 0.2

Recipe

1　红薯、牛蒡、胡萝卜、莲藕均切成小块，入沸水断生。

2　生菜，苏子叶用手撕开。

3　甜南瓜放在微波炉里转 4 分钟，取出后搅碎，与其余沙拉酱料一起搅拌均匀，倒入沙拉中。

请这样装瓶
沙拉酱→红薯→胡萝卜→牛蒡→莲藕→坚果→葡萄干→苏子叶→生菜

甜南瓜和大酱能帮助身体排出盐分，两者的添加可打消我们对食物盐分过高的顾虑。

·通心粉蔬菜沙拉· 菠菜青酱

食材 > 抱子甘蓝3个，樱桃萝卜3个，芦笋2根，圣女果4个，菜花100g，
通心粉1/2 杯

沙拉酱 > 焯过的菠菜30g，杏仁1，大蒜1瓣，橄榄油5，矿泉水4，胡椒0.2，
芝士粉0.5

Recipe

1_ 通心粉煮熟，沥干水分。

2_ 蔬菜切成小块。

3_ 切好的蔬菜放在烧热油的平底锅里，稍
微撒入一些香草海盐，煎至两面金黄。

4_ 将沙拉酱所需食材放入搅拌机中搅碎
后，倒入沙拉中。

请这样装瓶

沙拉酱→通心粉→芦笋→樱桃萝卜→抱子甘蓝→圣女果→菜花

通心粉不能用冷水过凉，且需放入橄榄油拌匀才能保证食用的时候不会黏在一起。

·牛油果番茄沙拉· 鲜人参沙拉酱

食材 > 牛油果 1/2 个，番茄 1/2 个，苦苣 5 片，核桃 1，大枣 2 个

沙拉酱 > 豆浆 1/2 杯，花生 1，芝麻 0.5，食盐 0.2，胡椒 0.2，鲜人参 1 根

Recipe

1_ 牛油果和番茄切成 2cm 的滚刀块。

2_ 苦苣用手撕成小块，大枣去核切丝。

3_ 大枣和核桃放到平底锅内炒至金黄。

4_ 将沙拉酱所需食材放入搅拌机中搅碎后，倒入沙拉中。

 请这样装瓶

沙拉酱→番茄→牛油果→核桃→大枣→苦苣

 牛油果里含有丰富的维生素和矿物质，对皮肤美容大有裨益；而且牛油果可以帮助排除体内的盐分。

·炒菌菇沙拉· 洋葱红酒沙拉酱

食材 > 迷你杏鲍菇 1/2 杯，双孢菇 2 个，白玉菇 30g，杏仁 1，嫩叶蔬菜 1/2 杯，油菜 1 棵，香草海盐 0.2

沙拉酱 > 洋葱丁 1/2 杯，红酒 1/2 蔬，蜂蜜芥末酱 1，意大利香醋 1，橄榄油 2，胡椒 0.2

Recipe

1_ 各种菌菇均切成小块，在平底锅里撒一些 香草海盐和杏仁一起炒一下。

2_ 将沙拉酱所需食材倒入锅中用大火煮开，晾凉后倒入沙拉中。

请这样装瓶

沙拉酱→杏仁→菌菇→油菜→嫩叶蔬菜

红酒和洋葱相遇后会产生抗氧化作用，可以帮助身体排出废物，轻松赶走疲劳。

·海带魔芋沙拉· 芝麻辣椒酱沙拉酱

食材 > 　魔芋 1 杯，海带 10cm×10cm，蟹肉棒 2 个，油豆腐 2 个，胡萝卜 5cm×3cm，苏子叶 3 片

沙拉酱 > 　芝麻粉 1，辣椒酱 1，低聚糖 1，食醋 1，酱油 0.2，橄榄油 1，香油 0.2，矿泉水 2

Recipe

1_ 魔芋、海带、油豆腐分别放入沸水中断生，切成细丝。

2_ 胡萝卜、苏子叶切丝，用冷水浸泡，蟹肉棒用手撕开。

3_ 倒入适量的沙拉酱。

 请这样装瓶
沙拉酱→魔芋→胡萝卜→蟹肉棒→油豆腐→海带→苏子叶

由于油豆腐为油炸食品，用沸水焯后再食用可以降低卡路里。

适用料理：
筋道拌面：把煮好的面和蔬菜、沙拉酱拌在一起吃也非常美味。

·莲藕沙拉· 柚子酱沙拉酱

| 食材 > | 莲藕100g，甜菜 30g，核桃 3 |
| 沙拉酱 > | 柚子酱 1，食醋 1，柠檬汁 1，酱油 0.2，矿泉水 1 |

Recipe

1_ 莲藕去皮切薄片。
2_ 切好的莲藕里滴入一两滴醋，入沸水煮
　　两分钟左右，捞出后冷水过凉。

3_ 甜菜切细丝，用冷水浸泡。

4_ 倒入适量的沙拉酱。

 请这样装瓶
 沙拉酱→莲藕→甜菜→核桃

切好的莲藕用食醋水浸泡可以防止莲藕变色。

·越南卷沙拉· 辣椒花生沙拉酱

食材 >　糯米纸 4 张，胡萝卜 5cm×3cm，黄瓜 1/4 根，虾仁 1/2 杯，红彩椒 1
　　　　个，嫩叶蔬菜 30g，萝卜苗 20g

沙拉酱 >　辣椒酱 1，花生酱 0.3，花生碎 1，柠檬汁 2，低聚糖 1，橄榄油 1

Recipe

1_ 黄瓜、胡萝卜、红彩椒切成5cm的细丝。
2_ 虾仁用开水焯一下。

3_ 锅内放冷水，水渐热后放入糯米纸，糯
米纸变软后，包入胡萝卜、黄瓜、红彩
椒、虾仁、萝卜苗、包好后从中间对半
切开。

4_ 倒入适量的沙拉酱。

 请这样装瓶
沙拉酱→越南卷→嫩叶蔬菜

 花生放入保鲜袋就可以轻松地用擀面杖搅碎。

食材 > 　　绿豆芽 100g，魔芋 100 个，培根 1 片，平菇 30g，油豆腐 2 个，西兰花 30g，花生碎 1

沙拉酱 > 　　咖喱粉 1，牛奶 1/2 杯，橄榄油 1，红彩椒丁 3

Recipe

1_　绿豆芽放在蒸锅里蒸熟后用冷水过凉。

2_　魔芋、平菇、油豆腐、培根、西兰花切成方便食用的大小，并用开水焯一下，捞出后用冷水过凉。

3_　将沙拉酱所需食材倒入锅中用大火煮开，晾凉后倒入沙拉中。

 请这样装瓶

 沙拉酱→西兰花→平菇→培根→魔芋→油豆腐→绿豆芽→花生碎

绿豆芽是用绿豆发的豆芽，用蒸锅蒸的话可以保留绿豆芽的营养和口感。

·炒豆沙拉· 玉米沙拉酱

食材 > 　黑豆2，兵豆2，鹰嘴豆3，豌豆2，红彩椒1/2个，苦苣50g

沙拉酱 > 　玉米粒3，原味酸奶3，橄榄油1，蒜末0.2，胡椒0.2

Recipe

1_ 分别泡发各种豆子，上锅煮熟。捞出后用平底锅翻炒以蒸发豆子里的水分。

2_ 红彩椒切成豆子大小。

3_ 将沙拉酱所需食材放入搅拌机中搅碎后，倒入沙拉中。

 请这样装瓶

 沙拉酱→黑豆→鹰嘴豆→豌豆→红彩椒→兵豆→苦苣

剩下的煮熟的豆子晾干水分后装在桶里放入冰箱冷冻保存。

玉米沙拉酱　54 / 55

·迷你彩椒沙拉· 橘子沙拉酱

食材 > 　迷你彩椒 5 个，芥菜 3 片，樱桃萝卜 3 个，莳萝 2 棵

沙拉酱 > 　橘子 2 个，蜂蜜芥末酱 0.3，柠檬汁 1，胡椒 0.2，低聚糖 1

Recipe

1_ 迷你彩椒、樱桃萝卜切成薄薄的圆片。

2_ 芥菜切成 4cm 的段，莳萝用冷水浸泡。

3_ 橘子搅碎后，与其余沙拉酱料一起搅拌
　　均匀，倒入沙拉中。

 请这样装瓶
 沙拉酱→迷你彩椒→樱桃萝卜→芥菜→莳萝

橘子最好不要用料理机搅碎，用刀搅碎能更好地保留橘子的色泽和口感。

·甜菜菜花沙拉· 菠萝沙拉酱

食材 >　甜菜 50g，菜花 50g，芦笋 4 根，核桃 2，红芥菜 2 片
沙拉酱 >　菠萝 100g，原味酸奶 1，柠檬汁 1，蒜末 0.2，胡椒 0.2

Recipe

1_ 菜花、芦笋切成适当的大小，用沸水焯一下。

2_ 甜菜切成和菜花、芦笋大小一致的方形。

3_ 将沙拉酱所需食材放入搅拌机中搅碎后，倒入沙拉中。

 请这样装瓶
沙拉酱→甜菜→菜花→芦笋→核桃→红芥菜

由于甜菜的红色素很浓，用冷水浸泡一下可以使颜色变淡。浸泡出的甜菜水可以作为美容水，为皮肤补充水分。

·板栗沙拉· 葡萄干沙拉酱

食材 > 　　板栗5个，葵花籽2，紫甘蓝3片，红甜菜2片，大枣2个
沙拉酱 > 　　葡萄干1/4杯，葡萄汁1/4杯，法式黄芥末酱0.5，橄榄油1

Recipe

1_ 板栗从中间对半切开，大枣去核切丝。

2_ 葵花籽、大枣放入烧热的平底锅中，轻微翻炒一下。

3_ 将沙拉酱所需食材放入搅拌机中搅碎后，倒入沙拉中。

 请这样装瓶
 沙拉酱→板栗→瓜子→大枣→紫甘蓝→红甜菜

葵花籽和大枣轻微翻炒后会更加美味。

·芹菜沙拉· 苹果酸奶沙拉酱

食材 >　　芹菜 100g，紫甘蓝 2 片，羽衣甘蓝 3 片，圣女果 4 个，萝卜苗 20g

沙拉酱 >　　苹果 1/2 个，洋葱 1/6 个，原味酸奶 1/2 杯，柠檬汁 1，胡椒 0.2

Recipe

1_ 芹菜去筋，所有蔬菜切成小块。

2_ 将沙拉酱所需食材放入搅拌机中搅碎后，倒入沙拉中。

 请这样装瓶

沙拉酱→芹菜→圣女果→紫甘蓝→羽衣甘蓝→萝卜苗

 芹菜筋可以使口感更筋道，所以可以根据自己的喜好选择是否去除。

PART 2

香甜水果沙拉

·苹果花生沙拉· 坚果沙拉酱

食材 > 　苹果1个，花生3，苦苣30g，圣女果4个

沙拉酱 > 　坚果碎3，原味酸奶3，黄芥末酱0.3，柠檬汁1，牛奶2，胡椒0.2

Recipe

1_ 苹果带皮切块。

2_ 花生入沸水焯一下。

3_ 苦苣和圣女果切成小块。

4_ 倒入适量的沙拉酱。

　请这样装瓶

沙拉酱→苹果→圣女果→花生→苦苣

花生入开水焯一下不反口感会变软，还可以降低卡路里。

·西柚水果沙拉· 青柠沙拉酱

食材 >　　西柚1/2 个，番茄1/2 个，橘子1/2 个，嫩叶蔬菜 30g
沙拉酱 >　　青柠汁 3，橄榄油 2，罗勒粉 1，食盐 0.2，胡椒 0.2

Recipe

1_ 西柚和橘子分瓣，番茄切块。

2_ 倒入适量的沙拉酱。

 请这样装瓶
沙拉酱→橘子→番茄→西柚→嫩叶蔬菜

 西柚里含有的果胶成分可以降低体内的胆固醇，有利于减肥。

·青葡萄香蕉沙拉· 牛油果酸奶沙拉酱

食材 > 青葡萄100g，香蕉1根，芽苗菜30g

沙拉酱 > 牛油果1/4个，原味酸奶3，牛奶3，柠檬汁1，蜂蜜1，胡椒0.2

Recipe

1_ 青葡萄一粒粒地摘下来，香蕉切成和青葡萄大小一致的小块。

2_ 将沙拉酱所需食材放入搅拌机中搅碎后，倒入沙拉中。

 请这样装瓶

 沙拉酱→青葡萄→香蕉→青葡萄→芽苗菜

在剩下的牛油果表面擦上柠檬汁，然后用保鲜膜盖上放到冰箱里保存，这样可以防止牛油果变色。

·菠萝猕猴桃沙拉· 酸奶沙拉酱

食材 >　　　菠萝 50g，猕猴桃 1 个，圆生菜 2 片，圣女果 4 个

沙拉酱 >　　酸奶 1/2 杯，番茄丁 1/2 个，橄榄油 1

Recipe

1_ 菠萝、猕猴桃切成小块，圆生菜用手撕成
小块。

2_ 倒入适量的沙拉酱。

 请这样装瓶
 沙拉酱→菠萝→猕猴桃→圣女果→圆生菜

酸奶沙拉酱里的番茄也可以用搅碎的猕猴桃代替。

·香橙番茄沙拉· 香草橄榄油沙拉酱

食材 > 　　　橙子 1 个，番茄 1/2 个，紫甘蓝 1 片，罗勒 4 片

沙拉酱 > 　　罗勒粉 1，牛至粉 0.2，橄榄油 3，芝士粉 1，柠檬汁 1，胡椒 0.2

Recipe

1_ 橙子和番茄切成小块。

2_ 蔬菜切丝。

3_ 倒入适量的沙拉酱。

 请这样装瓶

沙拉酱→紫甘蓝→番茄→橙子→罗勒

香草由于其独特的香味可以促进食欲，是代替食盐享用低盐饮食的绝佳材料。

·油桃沙拉· 甜板栗沙拉酱

食材 > **油桃1，甜菜50g，萝卜苗20g，葵花籽2**

沙拉酱 > **板栗4个，花生碎2，豆浆1/4杯，食盐0.2，胡椒0.2**

Recipe

1_ 油桃和甜菜切成小块，分别浸泡在冷水里。

2_ 板栗放在蒸锅里蒸熟，取出后搅碎，与其余沙拉酱料一起搅拌均匀，倒入沙拉中。

 请这样装瓶

沙拉酱→油桃→甜菜→葵花籽→油桃→萝卜苗

 桃子切好后用糖水浸泡，可以保留桃子的甜味。

·油桃香草沙拉· 青葡萄沙拉酱

食材 > 　油桃1个，百里香1根，薄荷4片，罗勒2片，圣女果5个

沙拉酱 > 　青葡萄1/2杯，原味酸奶3，柠檬汁2

Recipe

1_ 油桃切成小块（可以使用勺子挖桃肉）。

2_ 青葡萄搅碎后，与其余沙拉酱料一起搅拌均匀，倒入沙拉中。

请这样装瓶
沙拉酱→油桃→圣女果→薄荷→百里香→罗勒

如果想吃更甜的沙拉，可以往沙拉酱里放一些蜂蜜。

·蜂蜜橘子沙拉· 柠檬嫩豆腐沙拉酱

食材 >　　橘子 3 个，樱桃萝卜 3 个，红彩椒 1/2 个，蜂蜜 1

沙拉酱 >　柠檬汁 3，嫩豆腐 1/2 块，芝麻粉 1，芝士粉 0.5，胡椒 0.2，洋葱 1/6 个

Recipe

1_ 橘子剥成一瓣一瓣的，红彩椒和樱桃萝卜
切成小块，放入蜂蜜搅拌均匀。

2_ 将沙拉酱所需食材放入搅拌机中搅碎后，
倒入沙拉中。

 请这样装瓶

沙拉酱→橘子→红彩椒→樱桃萝卜

 食材里加入蜂蜜可以保留食材的口感和色泽。

· 青葡萄薄荷沙拉 ·　　蜂蜜柠檬沙拉酱

食材 >　　　青葡萄1串，蓝莓2，薄荷4片，圣女果4个

沙拉酱 >　　柠檬汁3，蜂蜜2，橄榄油2，胡椒0.2，香草粉0.2

Recipe

1_　青葡萄一粒一粒地摘下来洗净，沥干水分。

2_　倒入适量的沙拉酱。

 请这样装瓶

沙拉酱→圣女果→青葡萄→蓝莓→薄荷

 沥干水果上的水分再装瓶可以防止食材被泡坏。

·甜瓜西瓜薄荷沙拉· 桂皮蜂蜜沙拉酱

食材 >　　**西瓜 100g，香瓜 1 个，油桃 1/2 个，薄荷 20g**

沙拉酱 >　　**蜂蜜 1，桂皮粉 0.3，橄榄油 3，柠檬汁 1，坚果碎 1**

Recipe

1_ 西瓜、香瓜、仙桃切块。

2_ 倒入适量的沙拉酱。

 请这样装瓶

沙拉酱→香瓜→油桃→西瓜→薄荷

 桂皮可以治疗消化不良，而且几乎没有热量，有利于减肥。

·猕猴桃沙拉·　柚子酱沙拉酱

食材 >　猕猴桃 2 个，油桃 1/2 个

沙拉酱 >　柚子酱 1，酱油 0.2，橄榄油 2，柠檬汁 2，黄芥末酱 0.2，胡椒 0.2

Recipe

1_ 水果切成小块。

2_ 倒入适量的沙拉酱。

 请这样装瓶

 沙拉酱→油桃→猕猴桃

　　猕猴桃里含有丰富的叶红素，对预防心血管疾病大有裨益。并且含糖量低，有利于减肥。

·西瓜橙子沙拉· 椰奶沙拉酱

食材 > 　　　橙子1个，西瓜100g，甜玉米1/4杯，迷迭香1根

沙拉酱 > 　　椰奶2，柠檬汁1，碳酸水2，盐0.2，胡椒0.2

Recipe

1_ 西瓜、橙子切成小块。

2_ 倒入适量的沙拉酱。

 请这样装瓶

沙拉酱→橙子→西瓜→甜玉米→迷迭香

 椰奶里含有丰富的纤维素，可以预防便秘。

·油桃桔梗沙拉·　　甜菜沙拉酱

食材 > 油桃 1/2 个，桔梗 1 棵，芝麻菜 30g，圣女果 4 个

沙拉酱 > 甜菜 20g，蜂蜜 1，橄榄油 3，食盐 0.2，胡椒 0.2

Recipe

1_ 油桃和桔梗去皮切丝。

2_ 将沙拉酱所需食材放入搅拌机中搅碎后，倒入沙拉中。

 请这样装瓶

沙拉酱→桔梗→油桃→圣女果→芝麻菜

 桔梗可以预防哮喘、咳嗽、感冒等疾病。

·蓝莓黑橄榄沙拉· 黑芝麻沙拉酱

食材 > 蓝莓 1/2 杯，黑橄榄 3 个，樱桃萝卜 2 个，迷你彩椒 2 个

沙拉酱 > 黑芝麻 3，原味酸奶 1，嫩豆腐 1/2 块，柠檬汁，低聚糖 1

Recipe

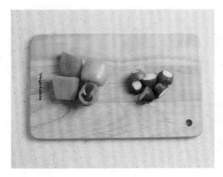

1_ 樱桃萝卜和迷你彩椒对半切开。

2_ 黑芝麻磨粉，与其余沙拉酱料一起搅拌均匀，倒入沙拉中。

请这样装瓶

沙拉酱→蓝莓→樱桃萝卜→橄榄→迷你彩椒

黑芝麻用料理机搅碎后再食用，比直接食用味道更好，也更易于吸收。

·葡萄圣女果沙拉· 蓝莓沙拉酱

食材 >　葡萄 10 粒，圣女果 5 个，球茎甘蓝 50g

沙拉酱 >　蓝莓 1/2 个，意大利香醋 1，橄榄油 1，蜂蜜 1，柠檬汁 1，罗勒粉 0.3

Recipe

1_ 把葡萄一粒一粒地摘下来，圣女果和球茎甘蓝切成和葡萄大小一致的小块。

2_ 将沙拉酱所需食材放入搅拌机中搅碎后，倒入沙拉中。

请这样装瓶

沙拉酱→球茎甘蓝→圣女果→蓝梅→葡萄

球茎甘蓝里的维生素含量比生菜和苦苣多 4~5 倍，和水果一起食用更有利于吸收。

·甜菜沙拉· 芥末籽沙拉酱

食材 >　　甜菜 100g，樱桃萝卜 3 个，圣女果 3 个，紫甘蓝 1 片，柠檬 1/4 个

沙拉酱 >　　法式黄芥末酱 1，橄榄油 2，蜂蜜 1，柠檬汁 2，胡椒 0.2

Recipe

1_ 樱桃萝卜、圣女果洗净备用；甜菜、紫甘
蓝、柠檬切丝。

2_ 倒入适量的沙拉酱。

 请这样装瓶

沙拉酱→甜菜→樱桃萝卜→紫甘蓝→圣女果→柠檬

 甜菜里含有丰富的维生素 C，热量低，有利于减肥和防止皮肤老化。

·葡萄芽苗菜沙拉· 碳酸水沙拉酱

食材 > 　紫葡萄 10 粒，青葡萄 10 粒，芽苗菜 20g

沙拉酱 > 　碳酸水 1/4 杯，梅子酱 1，柠檬汁 1，食盐 0.2

Recipe

1_ 葡萄摘好备用。

2_ 将沙拉酱所需食材放入搅拌机中搅碎后，
倒入沙拉中。

 请这样装瓶

 沙拉酱→青葡萄→紫葡萄→芽苗菜

葡萄里含有丰富的矿物质，对恢复疲劳非常好，也有利于皮肤美容。

·青苹果沙拉· 橙子沙拉酱

食材 > 　　苹果 1 个，番茄 1/2 个，生菜 2 片

沙拉酱 > 　　橙子 1/2 个，蜂蜜 1，黄芥末酱 0.3，柠檬汁 1，橄榄油 1，胡椒 0.2

Recipe

1　苹果、番茄、生菜切成小块。

2　橙子搅碎后，与其余沙拉酱料一起搅拌均匀，倒入沙拉中。

请这样装瓶

沙拉酱→苹果→番茄→生菜

苹果里含有丰富的植物纤维素，可以促进肠胃蠕动，帮助消化，缓解便秘。

·香蕉沙拉· 牛奶沙拉酱

食材 > 香蕉1根，西柚1/2个，芹菜50g

沙拉酱 > 牛奶1/4杯，椰奶1，香草粉0.2，低聚糖1

Recipe

1_ 香蕉、西柚、芹菜切成小块。

2_ 将沙拉酱所需食材搅拌均匀，倒入沙拉中。

 请这样装瓶

沙拉酱→芹菜→香蕉→西柚

 香蕉里含有丰富的膳食纤维，和牛奶一起食用还可以补充钙和蛋白质。

·煎桃子青柠沙拉· 青柠酸奶油沙拉酱

食材 > **油桃1个，青柠1/2个，生菜3片，迷迭香1根**

沙拉酱 > **百里香粉2，酸奶油2，青柠汁2，食盐0.2，胡椒0.2**

Recipe

1_ 桃子和青柠切薄片，分别用平底锅煎至金黄。

2_ 将沙拉酱所需食材搅拌均匀，倒入沙拉中。

请这样装瓶
沙拉酱→青柠→桃子→生菜→迷迭香

　　煎过后的桃子会更加甜，青柠或者柠檬煎过后可以减少酸味并增加甜味，让您感受到别样的风味。

PART 3

饱腹感 UP 沙拉

·烤茄子鸡胸肉沙拉· 酱汁沙拉酱

食材 > 茄子1个，鸡胸肉1块，圣女果3个，萝卜苗20g，嫩叶蔬菜20g，香草海盐0.2

沙拉酱 > 酱油1，橄榄油2，食醋1，胡椒0.2，蒜末0.2，香油1

Recipe

1_ 用切片器把茄子切成薄片，放入平底锅中把两面煎一下。

2_ 鸡胸肉用开水煮熟，沿着纹理撕开，撒入香草海盐。

3_ 鸡胸肉和萝卜苗放在烤好的茄子片上，用茄子片卷起来。

4_ 倒入适量的沙拉酱。

 请这样装瓶
沙拉酱→茄子卷→圣女果→嫩叶蔬菜

 茄子用大火煎才能防止水分析出。

·番茄金枪鱼沙拉· 意大利香醋沙拉酱

食材 > 马苏里拉奶酪 50g，番茄 1 个，金枪鱼罐头 1/2 杯，红皮洋葱 1/2 个，
罗勒 4 片

沙拉酱 > 意大利香醋 2，低聚糖 1，橄榄油 2，洋葱丁 2

Recipe

1_ 芝士和番茄切块，红皮洋葱切薄片浸泡
在冷水里。

2_ 金枪鱼去油。

3_ 倒入适量的沙拉酱。

 请这样装瓶
沙拉酱→红皮洋葱→番茄→金枪鱼罐头→马苏里拉奶酪→罗勒

 洋葱生吃前用冷水浸泡可以去除洋葱的辣味。

·煎三文鱼土豆沙拉· 芥末沙拉酱

食材 > 三文鱼 100g，土豆 1/2 个，水瓜柳 1，圣女果 4 个，迷迭香 1 根，圆
       生菜 1 片，橄榄油 1，香草海盐 0.2
沙拉酱 > 芥末 0.5，原味酸奶 4，洋葱末 2，黄芥末酱 0.3，蜂蜜 1，柠檬汁 1，
       搅碎的酸黄瓜 1，胡椒 0.2

Recipe

1_ 三文鱼和土豆切块。
2_ 向三文鱼里倒入橄榄油和香草海盐，土豆
    入沸水焯一下。

3_ 三文鱼、土豆、圣女果放入平底锅中
    煎熟。

4_ 倒入适量的沙拉酱。

请这样装瓶
沙拉酱→土豆→三文鱼→水瓜柳→圣女果→圆生菜→迷迭香

芥末有利尿效果，可以帮助血液循环，而且可以使三文鱼更美味。

·虾仁牛油果沙拉· 嫩豆腐沙拉酱

食材 > 虾仁 1/2 杯，牛油果 1/2 个，山药 50g，芽苗菜 20g

沙拉酱 > 嫩豆腐 1/2 杯，酱油 1，橄榄油 1，芥末 0.2，蒜末 0.2，香油 0.3

Recipe

1_ 牛油果和山药切块。

2_ 虾仁和山药放入平底锅中煎一下。

3_ 倒入适量的沙拉酱。

请这样装瓶
沙拉酱→山药→牛油果→虾仁→芽苗菜

虾里含有优质蛋白质，和牛油果一起食用可以防止皮肤老化。

·牛肉韭菜卷沙拉· 烤肉酱汁

食材 > 　　火锅用牛肉片 100g，韭菜 50g，红彩椒 1/2 个

沙拉酱 > 　　酱油 2，料酒 1，低聚糖 1，苋末 1，生姜粉 0.2，水 2

Recipe

1_　把韭菜卷在火锅用牛肉片里。

2_　红彩椒切丝。

3_　卷好的牛肉卷入平底锅煎熟。

4_　适量的酱汁倒在煎好的牛肉卷上，待沙拉
　　酱充分吸收后切成小段。

请这样装瓶

沙拉酱→红彩椒→牛肉卷→韭菜

　用平底锅煎牛肉卷的时候要把接口放在底下，这样才能使牛肉卷更好的固定。

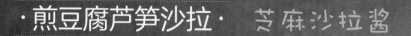

·煎豆腐芦笋沙拉· 芝麻沙拉酱

食材 > 豆腐 1/2 块，芦笋 4 根，绿豆芽 50g，培根 1 条

沙拉酱 > 芝麻 3，原味酸奶 1，橄榄油 2，低聚糖 1，酱油 1，柠檬汁 1

Recipe

1_ 豆腐切小块，芦笋和培根切成小段。

2_ 培根放入平底锅中煎烤，随后放入豆腐和芦笋，最后放入绿豆芽翻炒。

3_ 芝麻磨碎后，与其余沙拉酱料一起搅拌均匀，倒入沙拉中。

 请这样装瓶

沙拉酱→芦笋→豆腐→绿豆芽→芦笋→培根

 因为煎培根时会出油，所以煎其他食材的时候就不需要放油了。

食材 > 　　　小章鱼4只，大虾4只，山蒜4棵

沙拉酱 > 　　番茄丁1/2个，酸黄瓜丁1，辣椒丁1，洋葱丁1，甜辣椒酱1，柠檬
　　　　　　汁1，橄榄油2，胡椒0.2

Recipe

1_ 山蒜切成4cm的长段。

2_ 小章鱼和大虾放入烧热油的平底锅中
煎至金黄。

3_ 倒入适量的沙拉酱。

请这样装瓶
沙拉酱→大虾→小章鱼→山蒜

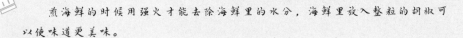
　　　煎海鲜的时候用强火才能去除海鲜里的水分，海鲜里放入整粒的胡椒可
以使味道更美味。

·五花肉大葱沙拉·　　辣椒柠檬沙拉酱

食材 >　　　五花肉薄片 100g，大葱丝 30g，韭菜 20g，红皮洋葱 1/4 个，迷你彩
　　　　　　椒 2 个

沙拉酱 >　　尖椒丁 2，辣椒丁 1，低聚糖 1，柠檬汁 3，酱油 0.5，橄榄油 2，食盐
　　　　　　0.2，胡椒 0.2

Recipe

1_ 五花肉入沸水煮熟，捞出切片，红皮洋
　　葱和迷你彩椒切圈。

2_ 倒入适量的沙拉酱。

请这样装瓶

 沙拉酱→红皮洋葱→迷你彩椒→五花肉→韭菜→大葱丝

五花肉用开水煮过后，可以去除油脂，降低热量。

·鸡肉沙拉· 红彩椒沙拉酱

食材 >　鸡腿肉2块，红皮洋葱1/2个，青椒1/2个，红甜菜2片，苏子叶2
片，香草海盐0.2，黄油0.5，清酒1

沙拉酱 >　红彩椒1/2个，辣椒1/2个，胡萝卜5cm×2cm，梅汁1，低聚糖1，
橄榄油1，酱油1，大蒜1瓣，矿泉水1

Recipe

1　红皮洋葱和青椒切成小块。
2　红甜菜和苏子叶切丝。

3　鸡腿肉入烧热油的平底锅煎一下，放入
一杯水把鸡肉煮熟。
4　把水倒掉，放入黄油，黄油融化后倒入
清酒，取出后切成小块。
5　放入红皮洋葱和青椒继续煎炒。

6　将沙拉酱所需食材放入搅拌机中搅碎
后，倒入沙拉中。

 请这样装瓶
沙拉酱→红皮洋葱→青椒→鸡腿肉→苏子叶→红甜菜

鸡腿肉煮过后可以去除鸡皮里的油脂，使鸡腿肉更清淡。

·小章鱼鹌鹑蛋沙拉· 红薯沙拉酱

食材 > 小章鱼 3 只，鹌鹑蛋 5 个，樱桃萝卜 2 个，抱子甘蓝 3 个
沙拉酱 > 蒸好的红薯 100g，香草粉 1，橄榄油 2，酸奶 0.2，胡椒 0.2

Recipe

1_ 小章鱼和抱子甘蓝分别入沸水中焯一下，捞出晾凉。

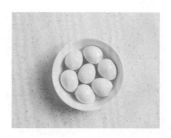

2_ 锅内放冷水，放入鹌鹑蛋煮5分钟，捞出晾凉后剥皮。

3_ 倒入适量的沙拉酱。

 请这样装瓶
 沙拉酱→鹌鹑蛋→樱桃萝卜→抱子甘蓝→小章鱼

煮鹌鹑蛋的时候放入一点食盐和食醋，剥皮会更容易，鹌鹑蛋也会煮得更结实。

·牛脯玉米沙拉· 烤肉酱沙拉酱

食材 > 　牛脯 50g，煮熟的玉米 1/2 个，葡萄干 2，茴芹 50g，紫甘蓝 1 片

沙拉酱 > 　烤肉酱 1，红彩椒丁 2，料酒 0.5，矿泉水 2，白苏籽油 1，胡椒 0.2

Recipe

1_　牛脯入沸水煮熟，捞出晾凉。

2_　一粒粒地剥离煮好的玉米，茴芹和紫甘蓝切成小块。

3_　倒入适量的沙拉酱。

 请这样装瓶

沙拉酱→葡萄干→紫甘蓝→玉米→牛脯→茴芹

 可以使用勺子轻松地剥离玉米粒。

·谷物鸡蛋沙拉· 牛肉沙拉酱

食材 > 黄豆 1/4 杯，薏米 1/4 杯，大麦 1/4 个，熟鸡蛋 1 个，苦苣 50g，圣女果 3 个

沙拉酱 > 搅碎的牛肉 50g，洋葱丁 2，辣椒丁 1，大酱 1，料酒 1，水 1/2 杯，低聚糖 1，胡椒 0.2

Recipe

1_ 黄豆、薏米、大麦泡发后,放在蒸锅上蒸熟。

2_ 熟鸡蛋切片。

3_ 平底锅内放油，把牛肉炒熟。

4_ 往炒熟的牛肉里放入适量的沙拉酱煮熟后晾凉，倒入沙拉中。

 请这样装瓶

沙拉酱→谷物→熟鸡蛋→谷物→圣女果→苦苣

蒸熟的谷物与牛奶或者酸奶一起混合，像燕麦粥一样吃也非常好。

· 牛肉火锅沙拉 ·　　柑橘醋沙拉酱

食材 > 　火锅用牛肉片 50g，油菜 1 棵，杏鲍菇 1/2 个，生菜 2 张，绿豆芽
　　　　20g，红甜菜 1 张

沙拉酱 > 　柑橘醋 2，柠檬汁 1，食醋 1，鲣鱼汤 2，洋葱末 1，低聚糖 1，胡椒 0.2

Recipe

1　杏鲍菇切片，生菜和红甜菜切成小块。

2　牛肉片、油菜、杏鲍菇、绿豆芽分别入
沸水焯一下，捞出后用冷水过凉。

3　倒入适量的沙拉酱。

 请这样装瓶
 沙拉酱→杏鲍菇→油菜→牛肉→绿豆芽→红甜菜→生菜

　　　制作鲣鱼汤的时候先放入海带，海带煮熟后捞出海带，然后放入干鲣鱼
熬 10 分钟即可。

·炒银鱼饭沙拉· 蛋黄酱酱油沙拉酱

食材 > 　银鱼1/2杯，玄米饭1/2碗，坚果碎2，辣椒丁1，胡萝卜丁2
沙拉酱 > 　蛋黄酱1，酱油1，洋葱丁1，搅碎的苏子叶3片，梅汁1，香油0.3，
　　　　胡椒0.2

Recipe

1_ 各种材料放入烧热的平底锅中翻炒，撒入胡椒，炒干水分后晾凉。

2_ 倒入适量的沙拉酱

请这样装瓶
沙拉酱→银鱼→玄米饭→炒过的食材→银鱼

因为沙拉酱和银鱼里本身已经有味道了，所以不需要另外再放盐，这样你就可以享受低盐饮食了。

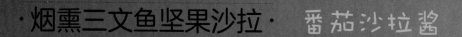

·烟熏三文鱼坚果沙拉· 番茄沙拉酱

食材 >	烟熏三文鱼 1/2 袋，熟鹌鹑蛋 3 个，坚果 2，洋葱 1/4 个，嫩叶蔬菜 20g，萝卜苗 20g
沙拉酱 >	番茄 1/2 个，搅碎的酸黄瓜 2，意大利香醋 1，柠檬汁 1，洋葱丁 1，橄榄油 1，低聚糖 1，胡椒 0.2

Recipe

1_ 坚果放入烧热的平底锅里翻炒一下。

2_ 嫩叶蔬菜、洋葱、萝卜苗放在三文鱼片上，卷起来。

3_ 番茄搅碎后，与其余沙拉酱料一起搅拌均匀，倒入沙拉中。

 请这样装瓶

沙拉酱→熟鹌鹑蛋→三文鱼卷→坚果→萝卜苗

 烟熏三文鱼已经有味道了，不需要另外再放盐。

·凉拌烤鸭沙拉· 苹果芥末沙拉酱

食材 > 烤鸭 100g，洋葱 1/4 个，紫甘蓝 1 片，胡萝卜 5cm×3cm，黄瓜 1/4 根

沙拉酱 > 苹果 1/4 个，黄芥末酱 0.5，食醋 1，柠檬汁 1，低聚糖 1，生姜粉 0.2，梅汁 0.5，蒜末 0.2，食盐 0.2，胡椒 0.2，香油 0.3

Recipe

1_ 烤鸭入沸水焯一下，捞出后冷水过凉，
沥干水分。

2_ 洋葱、紫甘蓝、胡萝卜、黄瓜切丝。

3

3_ 苹果搅碎和其他酱料混合均匀，倒入沙拉中。

 请这样装瓶
 沙拉酱→洋葱→胡萝卜→紫甘蓝→烤鸭→黄瓜

烤鸭用沸水焯一下可以去除盐分和油脂。

适用料理

凉拌海蜇：用海蜇代替烤鸭也是不错的选择。

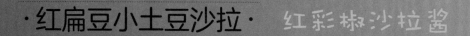

·红扁豆小土豆沙拉· 红彩椒沙拉酱

食材 > 马栗豆 1/2 杯，小土豆 3 个，鹌鹑蛋 3 个，圣女果 3 个，抱子甘蓝 2
个，藜麦脆少许

沙拉酱 > 红彩椒 1 个，番茄 1/2 个，甜辣椒酱 1，橄榄油 1，胡椒 0.2

Recipe

1_ 马栗豆、小土豆、鹌鹑蛋、抱子甘蓝菜
分别入沸水煮一下。

2_ 将沙拉酱所需食材放入搅拌机中搅碎后，
倒入沙拉中。

 请这样装瓶
沙拉酱→小土豆→鹌鹑蛋→抱子甘蓝→圣女果→马栗豆→藜麦脆

 不同颜色彩椒的功效

红色：含有丰富的叶红素，可以促进新陈代谢。

黄色：对气管很好，可以提高肺的机能。

橙色：可以提高免疫力，对成长期的孩子也非常好。

绿色：含有丰富的铁元素，可以预防贫血。

·烤鸡里脊沙拉· 大酱沙拉酱

食材 >　　鸡里脊 100g，甘蓝 50g，牛蒡 30g，莲藕 50g，生菜 2 片，红甜菜 2 片

沙拉酱 >　　大酱 2，料酒 1，酱油 0.5，低聚糖 0.3，矿泉水 2

Recipe

1_ 鸡里脊、甘蓝、牛蒡、莲藕切成小块，
　　放入平底锅内煎一下。

2_ 倒入适量的沙拉酱。

　请这样装瓶
沙拉酱→甘蓝→牛蒡→莲藕→鸡里脊→红甜菜→生菜

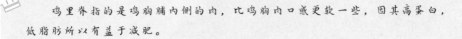
　　　鸡里脊指的是鸡胸脯内侧的肉，比鸡胸肉口感更软一些，因其高蛋白，
低脂肪所以有益于减肥。

·牛肉碎鹰嘴豆沙拉· 生姜沙拉酱

食材 > 　牛肉碎 50g，鹰嘴豆 1/2 杯，豌豆 1/4 杯，红彩椒 1/2 个，生菜 2 片
沙拉酱 > 　生姜粉 1，洋葱丁 1，辣椒丁 1，酱油 1，低聚糖 1，料酒 1，水 2

Recipe

1＿ 牛肉碎放入平底锅中，用强火爆炒，盛出
　　晾凉。

2＿ 鹰嘴豆、豌豆泡发，入沸水中煮一下。

3＿ 将沙拉酱所需食材倒入锅中用大火煮
　　开，晾凉后倒入沙拉中。

 请这样装瓶
沙拉酱→鹰嘴豆→豌豆→红彩椒→牛肉碎→生菜

 牛肉丁放在烧热的平底锅内慢慢炒熟。

·牛里脊沙拉· 辣酱油沙拉酱

食材 > 牛里脊100g，圣女果3个，洋菇2个，洋葱1/4个，胡萝卜5cm×3cm，香草海盐0.2，苦苣1片

沙拉酱 > 辣酱油2，黄芥末酱0.5，番茄酱0.5，低聚糖1，蒜末0.2，水2

Recipe

1_ 牛里脊、洋葱、胡萝卜、洋菇切成小块。

2_ 各种材料放入平底锅，撒入橄榄油和香草海盐，然后煎熟。

3_ 将沙拉酱所需食材倒入锅中用大火煮开，晾凉后倒入沙拉中。

 请这样装瓶
沙拉酱→胡萝卜→洋菇→洋葱→牛里脊→圣女果→苦苣

 牛肉里放一些面粉一起煮的话，可以使牛肉更有嚼劲、更美味。

PART 4

餐后甜点沙拉

·绿色沙拉· 豌豆沙拉酱

食材 > 　罗马生菜3片，苹果1/2个，苦苣2片，圣女果3个，樱桃萝卜2个
沙拉酱 > 　熟豌豆1/2杯，蜂蜜1，橄榄油1，香油0.3，食盐0.2，胡椒0.2

Recipe

1_ 所有的食材切成小块。

2_ 将沙拉酱所需食材放入搅拌机中搅碎后，
　　倒入沙拉中。

　请这样装瓶
沙拉酱→樱桃萝卜→洋菇→洋葱→牛肉→圣女果→苦苣

 罗马生菜可以预防高血压，改善视力。

·花园沙拉· 罗勒沙拉酱

食材 >　　香草（罗勒，迷迭香，莳萝）1杯，迷你彩椒 4 个

沙拉酱 >　　罗勒 5 片，橄榄油 3，杏仁 1，蒜 1 瓣，食盐 0.2，胡椒 0.2

Recipe

1_　香草洗净后沥干水分，迷你彩椒切成薄薄的圆圈。

2_　将沙拉酱所需食材放入搅拌机中搅碎后，倒入沙拉中。

请这样装瓶
沙拉酱→迷你彩椒→罗勒→莳萝→迷迭香

香草可以抗氧化，延缓衰老。

·巧克力蔬菜沙拉· 薄荷沙拉酱

食材 >　白巧克力 30g，黑巧克力 30g，薄荷 3 片，柠檬片 1/4 个，嫩叶蔬菜 20g
沙拉酱 >　薄荷 3 片，柠檬汁 2，橄榄油 2

Recipe

1_　巧克力用刀切碎。

2_　薄荷搅碎后，与其余沙拉酱料一起搅拌均
　　匀，倒入沙拉中。

请这样装瓶

沙拉酱→柠檬→黑巧克力→白巧克力→嫩叶蔬菜→薄荷

巧克力放在冰箱里冷冻后，更容易搅碎。

· 自制意大利乡村软奶酪沙拉 ·

胡萝卜沙拉酱

食材 > 　牛奶 300ml，鲜奶油 150ml，柠檬汁 2，食盐 0.2，圣女果 4 个

沙拉酱 > 　胡萝卜 100g，苹果 1/4 个，洋葱 1/6 个，柠檬汁 1，橄榄油 1，蜂蜜 1

Recipe

1_ 牛奶和鲜奶油按比例放入锅内用中火煮出
　热气，放入柠檬汁和食盐轻轻的搅一下，
　转中小火继续煮。

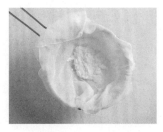

2_ 煮至嫩豆腐的状态后，倒入放上棉布的筛
　子上沥干水分，放入冰箱冷冻2小时以上
　使之变硬。

3_ 将沙拉酱所需食材放入搅拌机中搅碎
　后，倒入沙拉中。

  请这样装瓶
沙拉酱→圣女果→意大利乡村奶酪→圣女果

制作意大利乡村奶酪的时候一定要轻轻搅拌，如果过于用力会使奶酪不易凝固。

·干果沙拉·   草莓酱沙拉酱

食材 > 　　　燕麦片 1 杯，核桃 2，花生 2，杏仁 2，南瓜子 1，葡萄干 1

沙拉酱 > 　　　草莓酱 1，柠檬汁 1，碳酸水 1

Recipe

1_ 所有干果放入烧热的平底锅内炒脆。

2_ 倒入适量的沙拉酱。

 请这样装瓶

沙拉酱→燕麦片→干果→燕麦片

 可以用雪碧代替碳酸水。

·燕麦片沙拉·　桃子沙拉酱

食材 >　　　燕麦片1杯，蓝莓2，蔓越莓2

沙拉酱 >　　桃子1/2个，蜂蜜1，桂皮0.2，黄油0.3

Recipe

1_ 所有食材放入烧热的平底锅中炒干水分。

2_ 桃子搅碎后，与其余沙拉酱料一起搅拌均匀，倒入沙拉中。

 请这样装瓶

沙拉酱→蔓越莓→燕麦片→蓝莓

 做这款沙拉的时候，使用软桃子比硬桃子更好。

·咖啡曲奇沙拉·　　咖啡沙拉酱

食材 >　　　咖啡粉 1，曲奇 50g，葵花籽 1，杏仁片 1

沙拉酱 >　　咖啡粉 0.5，水 1，蜂蜜 1

Recipe

1_　葵花籽和杏仁片分别放入平底锅内翻炒一下。

2_　曲奇搅碎后，与咖啡粉搅拌均匀。

3_　倒入适量的沙拉酱。

 请这样装瓶
沙拉酱→瓜子→曲奇→杏仁片

请使用黑咖啡粉。

适用料理：

阿芙佳朵：在香草冰激凌上放上材料和咖啡沙拉酱。

·蛋糕沙拉· 香草沙拉酱

食材 >   蛋糕 50g，南瓜子 1，菠萝 50g
沙拉酱 >   香草精 0.3，蜂蜜 1，牛奶 2

Recipe

1_ 蛋糕切块。

2_ 菠萝切成小块。

3_ 倒入适量的沙拉酱。

 请这样装瓶
沙拉酱→菠萝→南瓜子→蛋糕

 可以用香草液代替香草精。

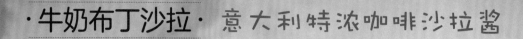

·牛奶布丁沙拉· 意大利特浓咖啡沙拉酱

食材 >　　　牛奶1杯，蛋黄1个，蜂窝1，糖1，吉利丁片2片，薄荷4片
沙拉酱 >　　意大利特浓咖啡1/4杯，低聚糖1，桂皮0.2

Recipe

1_ 吉利丁片用冷水泡发，沥干水分后放在微波炉里转10秒使之融化。

2_ 牛奶、蜂蜜、糖放入锅内煮开后放入蛋黄和融化的吉利丁片。放凉后装到瓶子里放到冰箱内凝固。

3_ 倒入适量的沙拉酱

请这样装瓶
牛奶布丁→沙拉酱→薄荷

做牛奶布丁的时候，如果想让布丁凝固后比较软的话，不要用太大的火去煮。

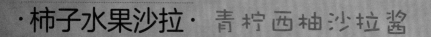

· 柿子水果沙拉 · 青柠西柚沙拉酱

食材 >   柿子1根，卷心菜1片，葡萄5粒，圣女果3个

沙拉酱 >   西柚1/2个，碳酸水2，青柠1，蜂蜜1

Recipe

1_ 柿子切成小块，卷心菜撕成适口大小。

2_ 青柠搅碎后，与其余沙拉酱料一起搅拌均匀，倒入沙拉中。

请这样装瓶
沙拉酱→圣女果→葡萄粒→柿子→卷心菜

制作青柠西柚沙拉酱的时候，只用青柠和西柚里面的果肉才能避免苦涩味，品味到青柠和西柚浓浓的果香和比较细滑的口感。

·红茶王子沙拉·　　红茶沙拉酱

食材 >　　猕猴桃 1/2 个，葡萄 5 粒，香瓜 1/2 个

沙拉酱 >　　袋装红茶水 1/2 杯，蜂蜜 1，梅汁 1

Recipe

1_　水果搅碎。

2_　红茶泡好后，与其余沙拉酱料一起搅拌均匀，倒入沙拉中。

　请这样装瓶
沙拉酱→葡萄→香瓜→猕猴桃→香瓜

　此款沙拉需要用勺子舀着吃。

·酸奶女王沙拉·　酸味酸奶沙拉酱

食材 > 香蕉1个，芹菜30g，蓝莓2

沙拉酱 > 原味酸奶4，杏仁碎3，蜂蜜1

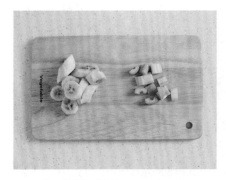

1_ 香蕉和芹菜切成小块。

2_ 倒入适量的沙拉酱。

请这样装瓶

沙拉酱→蓝莓→芹菜→香蕉

原味酸奶在乳制品中乳酸菌含量较高，能够促进肠胃蠕动，预防便秘；还能够提高免疫力，对防治糖尿病和减肥也非常有帮助。

·香草沙拉·　青柠橄榄油沙拉酱

食材 >	罗勒 4 片，薄荷 3 片，圣女果 2 个，迷迭香 2 片，红彩椒 1/4 个
沙拉酱 >	青柠汁 3，橄榄油 1，梅汁 1

Recipe

1_ 红彩椒和圣女果切成小丁。

2_ 倒入适量的沙拉酱。

  请这样装瓶

沙拉酱→圣女果→红彩椒→迷迭香→罗勒→薄荷

香草可以促进血液循环，帮助缓解疲劳，对防治全身乏力也有很好的效果。

·煎水果沙拉· 柿子沙拉酱

食材 >　　 猕猴桃 1 个，苹果 1/2 个，圣女果 4 个

沙拉酱 >　 柿子 1 个，柠檬汁 1，蜂蜜 1

Recipe

1_ 猕猴桃和苹果切薄片，放入平底锅中煎一下。

2_ 倒入适量的沙拉酱。

请这样装瓶
沙拉酱→苹果→猕猴桃→圣女果

　　水果干比新鲜水果的营养成分更高，香味也更浓。水果干放在热水里泡成水果茶也非常美味。

·白巧克力沙拉· 抹茶沙拉酱

食材 >　　白巧克力 50g，菜花 50g，南瓜子 1，葡萄干 1
沙拉酱 >　　抹茶粉 1，牛奶 3，蜂蜜 1

Recipe

1_ 菜花一朵朵切开，放入沸水中焯一下，
　　捞出后放入平底锅中翻炒。

2_ 南瓜子和葡萄干，放入平底锅中翻炒。

3_ 白巧克力放冰箱里冷冻后切碎。

4_ 倒入适量的沙拉酱。

 请这样装瓶

沙拉酱→菜花→葡萄干→南瓜子→白巧克力

 抹茶粉里含有的儿茶酸和单宁酸有分解脂肪的作用，而且还能降低胆固醇。

·裙带菜沙拉· 西兰花沙拉酱

食材 >　　卷心菜 1 片，胡萝卜 5cm×2cm，红皮洋葱 1/4 个，裙带菜 1 杯

沙拉酱 >　　西兰花 50g，芝麻 1，蛋黄酱 0.5，柠檬汁 1，蜂蜜 1，水 2

Recipe

1_ 卷心菜、胡萝卜、红皮洋葱均切丝。

2_ 裙带菜沥干水分。

3_ 西兰花一朵朵切开，入沸水焯一下，然后与其余沙拉酱所需食材一起放入搅拌机中搅碎，倒入沙拉中。

 请这样装瓶

沙拉酱→胡萝卜→卷心菜→红皮洋葱→海菜

 裙带菜营养价值高、热量低，有减肥、清理肠道、保护皮肤、缓解衰老的功效。

·绿豆凉粉沙拉· 香油沙拉酱

食材 >　　　绿豆凉粉 1/2 块，橄榄 4 个，圣女果 3 个

沙拉酱 >　　香油 1，海苔末 1，韩式酱油 0.5，黑芝麻 0.5

Recipe

1_　绿豆凉粉切丝，放入沸水中焯一下，捞出晾凉。

2_　橄榄和圣女果切片。

3_　烫好的绿豆凉粉与其余沙拉酱料一起搅拌均匀，倒入沙拉中。

请这样装瓶

沙拉酱→绿豆凉粉→圣女果→橄榄

可以用橡子凉粉或者魔芋代替绿豆凉粉。

·乌塌菜沙拉· 苹果青柠沙拉酱

食材 >　　　乌塌菜 50g，莲藕 50g，番茄 1/2 个

沙拉酱 >　　苹果 1/2 个，青柠 1/2 个，蜂蜜 1，橄榄油 1

Recipe

1_ 莲藕切片用平底锅煎一下。

2_ 乌塌菜的叶子摘下来，番茄切片。

3_ 苹果和青柠搅碎后，与蜂蜜一
起搅拌均匀，倒入沙拉中。

 请这样装瓶

沙拉酱→莲藕→番茄→乌塌菜

 莲藕里含有的维生素 C 和铁元素可预防因减肥而引起的贫血。

·排毒沙拉· 葡萄汁沙拉酱

食材 >　　番茄 1/2 个，柠檬 1/4 个，红彩椒 1/2 个

沙拉酱 >　　葡萄汁 4，柠檬汁 1，梅汁 1

Recipe

1_ 番茄、柠檬、红彩椒切丝。

2_ 倒入适量的沙拉酱。

 请这样装瓶

 沙拉酱→柠檬→番茄→红彩椒

番茄能够补充葡萄里所缺少的维生素 A，一起食用非常好。

·解毒沙拉· 梅汁沙拉酱

食材 > 　西兰花 40g，菜花 40g，圣女果 3 个，胡萝卜 5cm×2cm，卷心菜 1 片

沙拉酱 > 　梅汁 1，柠檬汁 2

Recipe

1_ 把所有食材切成小块分别入沸水烫一下。

2_ 倒入适量的沙拉酱。

 请这样装瓶

 沙拉酱→菜花→胡萝卜→西兰花→卷心菜→圣女果

有利于解毒的蔬菜煮熟之后食用更有利于吸收，并能帮助排除体内毒素。

注意事项：

1. 玻璃瓶会由于强烈的冲击或者较大的温差而破损，请注意不要被破损的玻璃碎片弄伤。
2. 清洗的时候请使用柔软的海绵和中性洗剂。
3. 使用含有研磨剂的尼龙、乌丝、洗碗刷等粒子粗糙的洗碗工具的话会磨损玻璃表面，请注意。
4. 不可以放入微波炉和烤箱里使用。
5. 请注意骤热骤冷。

Mason jar
by Alice. S

淘宝客户端扫码购买